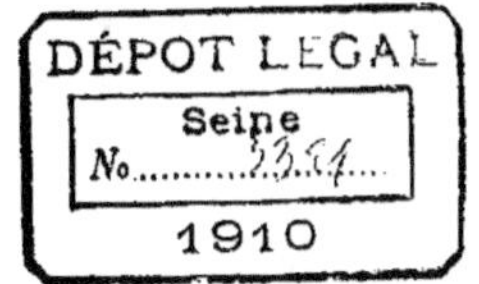

SUR LA TECHNIQUE ET LES RÉSULTATS DE LA RADIUMTHÉRAPIE

Par le docteur H. DOMINICI (1).

L'application des agents physiques en médecine nécessite en général la mise en œuvre d'appareils plus ou moins compliqués extériorisant par des phénomènes plus ou moins impressionnants, les forces dont ils sont les récepteurs ou les générateurs.

La scène et le décor changent quand on fait intervenir la radiumthérapie dont l'outillage se réduit actuellement :

1° A des supports de toile ou de métal à la surface desquels du sulfate de radium, broyé et pulvérisé, est maintenu adhérent au moyen d'un vernis spécial, le vernis de Danne ;

2° A des récipients tubulés de verre, d'aluminium, d'argent, d'or, ou de platine, hermétiquement clos, contenant un sel de radium, à l'état de poudre sèche ;

3° A des ampoules de verre renfermant soit une solution de bromure de radium, soit du sulfate de radium en suspension dans un milieu liquide.

La quantité de sel de radium supporté par les appareils à sel collé sur toile ou sur métal et par les récipients tubulés, où le sel est à l'état meuble, varie de quelques milligrammes à quelques centigrammes (5 à 10 cent. au maximum).

Quant à la teneur du sel de radium en solution ou en suspension dans les ampoules de verre, elle se chiffre par millièmes de milligramme.

Si l'on tient compte de la faible quantité de substance active supportée par les appareils radifères, de la grande simplicité de ceux-ci, de leur inactivité apparente, il paraît difficile d'admettre qu'un rôle efficace doive leur être attribué en médecine.

Ce rôle est cependant incontestable, et, s'il est un contraste frappant, c'est bien celui qui existe entre la quantité infime de radium actuellement disponible et le parti que l'on peut en tirer à l'égard des processus morbides les plus différents.

En effet, de faibles quantités de radium sont autant de foyers d'une énergie relativement colossale que l'on peut mettre en jeu contre les états morbides, suivant des modes variés, dont les deux principaux sont l'*irradiation* et la *radioactivation* des tissus.

Ces deux procédés consistent :

L'*irradiation*, à exposer les organes au rayonnement provenant d'appareils contenant un sel de radium.

La *radioactivation*, à injecter directement dans les tissus un sel de radium lequel leur confère, par l'intermédiaire de son émanation, la radioactivité induite, c'est-à-dire la propriété d'émettre le rayonnement caractéristique des corps radifères.

MÉTHODE DE L'IRRADIATION

J'ai démontré qu'il existait deux façons essentielles d'utiliser le rayonnement des appareils radifères. Je les ai dénommées ; la *méthode du rayonnement composite*, la *méthode du rayonnement ultra-pénétrant*.

Ces deux méthodes sont basées sur les propriétés physiques du rayonnement dont il me paraît nécessaire de donner un très court aperçu.

LE RAYONNEMENT. — Le rayonnement du radium est, je le rappelle, corpusculaire et vibratoire.

Il est corpusculaire en ce sens qu'il est formé de particules matérielles, mobiles, électrisées, provenant de la dissociation de l'atome de radium en ses éléments primitifs.

Les grains de cette poussière d'atomes diffèrent les uns des autres par leur volume, la nature de leur charge électrique, leur vitesse de translation.

---

(1) Les premiers expérimentateurs qui introduisirent le radium en médecine paraissent être M. Danlos, qui appliqua la nouvelle méthode dans son service de l'hôpital Saint-Louis, et M. Zimmern, qui l'appliqua dans les services des professeurs Pozzi et Raymond.

Les premiers appareils utilisés furent essentiellement des sortes de boîtiers de configurations variées, à paroi formée de substances différentes, telles que l'ébonite, le verre, etc.

Je n'insiste pas sur cet historique, dans un article qui est destiné à donner un aperçu sommaire de l'état actuel de l'outillage radiumthérapique. Cet exposé sera fait dans un travail d'ensemble où je mettrai au point, d'une manière très exacte, la part revenant à chacun de ceux qui se sont occupés de radiumthérapie, en insistant en particulier sur le filtrage et la méthode du rayonnement ultra-pénétrant, qui en dérive ; car il me paraît nécessaire de jeter quelque clarté sur cette question qui me semble avoir été quelque peu obscurcie dans certains mémoires.

Les uns, plus volumineux, chargés d'électricité positive, doués d'une vitesse de translation, relativement lente, constituent *les rayons* α.

Les autres plus petits et chargés d'électricité négative, animés d'une vitesse de translation considérable, constituent *les rayons* β.

Au double rayonnement corpusculaire formés par les α et les β se joint un rayonnement d'un genre différent, le *rayonnement* γ, qui représente non plus la projection à travers l'espace de particules matérielles chargées d'électricité positive ou négative, mais la propagation d'un ébranlement de l'éther correspondant à la dissociation de l'atome de radium en corpuscules électrisés.

En un mot, le rayonnement γ est un rayonnement ondulatoire provenant d'une perturbation de l'éther, et d'un genre tel que ses rayons ont été comparés aux rayons X provenant de l'ampoule de Crookes.

Mais les rayons γ diffèrent des rayons X parce que la puissance de pénétration de la plupart d'entre eux est supérieure à la puissance de pénétration de l'immense majorité des rayons X.

Au reste, si l'on classe les divers rayons du radium d'après leur puissance de pénétration, on donnera le premier rang aux γ, le dernier rang aux α; quant aux β, ils se décomposeront en β mous, à peine plus pénétrants que les α, en β durs plus pénétrants que les β mous et moins pénétrants que la plupart des γ, et enfin en β intermédiaires.

Pour rendre ces caractères plus sensibles, je rappellerai qu'un écran d'aluminium de trois ou quatre centièmes de millimètre arrête tous les α; une lame de plomb de deux millimètres d'épaisseur arrête, outre les α, l'immense majorité des β et une faible partie des γ dont le reste est capable de traverser ainsi que l'ont démontré les recherches de M. et Mᵐᵉ Curie, des plaques de plomb de plus de 10 centimètres d'épaisseur.

Quelque dissemblables que soient ces divers rayons, ils n'en possèdent pas moins une propriété commune qui est d'ioniser l'air, c'est-à-dire de décomposer les atomes de ses différents gaz en ions électrisés positivement ou négativement.

En ionisant l'air, les rayons α, β et γ le rendent conducteur d'électricité et ont, par là même, la propriété de décharger les corps électrisés. Or, la rapidité de décharge est proportionnelle à l'intensité du rayonnement.

Il en résulte la possibilité de mesurer celle-ci d'une façon rigoureusement précise, au moyen soit de l'électroscope, soit de l'électromètre.

L'intensité du rayonnement est mesurée soit en unités électriques, soit, d'une façon plus générale, relativement à l'activité de l'uranium prise comme unité : l'activité de l'uranium étant considérée comme égale à 1, celle du sel de radium pur est égale à 2.000.000, ce qui signifie que l'activité ionisante de l'uranium est 2.000.000 de fois moindre que celle du radium.

Quand on dit que l'activité d'un appareil vaut 100.000, 500.000, 1.000.000, on entend par là que l'intensité de ce rayonnement est 100.000, 500.000, 1.000.000 de fois supérieur à celle d'un appareil de même conformation, qui contiendrait de l'uranium métallique au lieu de radium.

Mais il s'agit là de l'activité totale, laquelle est la somme des activités partielles, c'est-à-dire des intensités respectives des rayonnements α, β et γ.

Si tous les appareils étaient constitués suivant un type rigoureusement identique, le rayonnement global et les rayonnements partiels seraient proportionnels à la charge en radium. — En réalité, des appareils contenant des poids égaux de sel de radium présentent des activités tout à fait différentes, parce que le mode de fabrication de ces appareils détermine une absorption plus ou moins grande du rayonnement primaire.

COMPARAISON DES APPAREILS. — Comparons les deux tableaux suivants concernant, le premier un appareil à sel collé sur toile, supportant 1 centigramme de sulfate de radium pur sur une surface de 4 centimètres carrés ; le second, un appareil à sel collé sur métal supportant, lui aussi, 1 centigramme de sulfate de radium pur sur une surface de 4 centimètres carrés.

L'intensité de rayonnement du premier appareil sera de beaucoup supérieure à celle du second. En effet, les grains de sel de radium du premier appareil sont en saillie sur le support de toile et ne sont entourés que par une pellicule de vernis formant un écran extrêmement mince, tandis que les grains de sel de radium du second appareil sont enfouis dans la masse du vernis qui se comporte ici à la façon d'un écran relativement épais. Il en résulte

Journal médical français.
Tome III. — N° 6, 1910.

H. DOMINICI. — *Sur la technique et les résultats de la radiumthérapie*, p. 373.

Fig. 1

Fig. 2

Fig. 3

Fig. 4

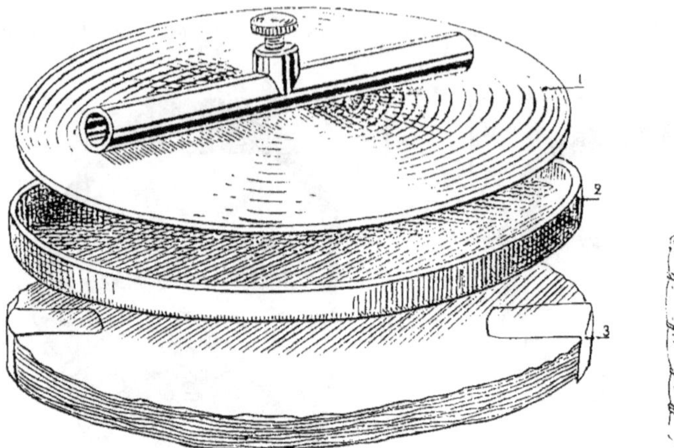

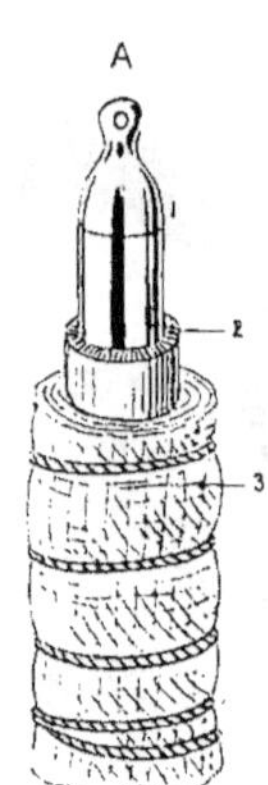

Fig. 5. — (1) Appareil à sels collés sur un disque de métal dont on ne voit que la face opposée à celle qui supporte le vernis radifère. — Cette dernière face est tournée du côté d'un boîtier de plomb creux (2), dans lequel sera disposé l'appareil radifère pour l'obtention du rayonnement ultrapénétrant. — Les parois de ce boîtier de plomb sont supposées avoir une épaisseur variant de 5 10 de millimètre à plusieurs millimètres d'épaisseur. (3) Rondelles de papier formant l'écran destiné à laisser passer le rayonnement ultrapénétrant tout en interceptant le rayonnement secondaire dont le boîtier de plomb devient la source par le passage du rayonnement ultrapénétrant.

Cette planche, de même que celle des figures 6 et 7, est extraite des *Agents physiques usuels*, Masson et Cⁱᵉ, 1909.

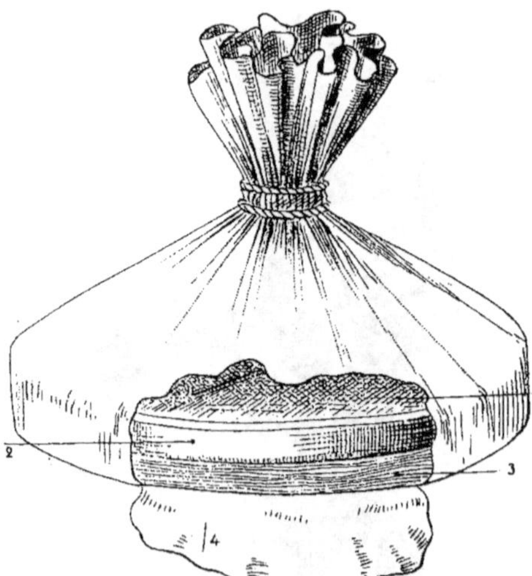

Fig. 6. — Le disque radifère (1), le boîtier de plomb qui l'engaîne (2), l'écran de papier (3) sont placés dans une enveloppe de caoutchouc (4) dont on a déchiré une partie pour montrer l'agencement.

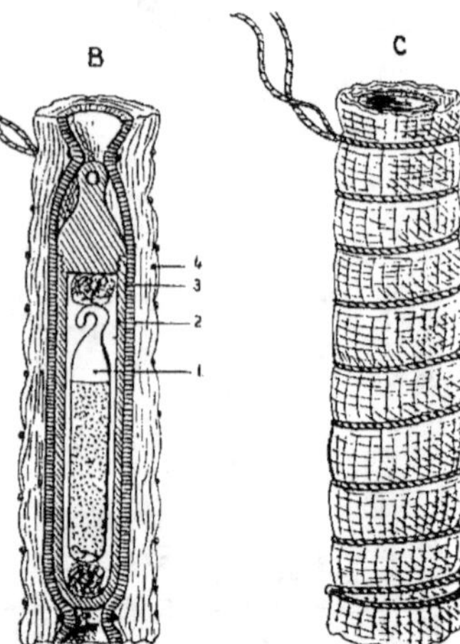

Fig. 7 (A. B. C.) — Les tubes radifères sont tantôt utilisés sans adjonction d'enveloppe, tantôt engaînés successivement par un drain de caoutchouc, puis par une enveloppe de tarlatane ficelée avec de la soie : A. 1. appareil cylindrique en métal contenant l'ampoule ; 2. drain radifère de caoutchouc ; 3. enveloppe de tarlatane. — B. coupe du système précédent : 1. ampoule de verre contenant le radium ; 2. paroi de l'étui métallique ; 3. paroi du drain de caoutchouc ; 4. étui de tarlatane. — C. appareil complètement entouré de la gaine de tarlatane.

A l'époque où ces figures ont été exécutées dans l'édition des *Agents physiques usuels*, j'avais déjà en main des appareils réduits au seul tube métallique contenant directement le sel de radium, l'ampoule de verre ayant été supprimée sur mes indications. C'est l'usage de ces derniers appareils qui prévaut actuellement.

que l'absorption du rayonnement primaire par le vernis est insignifiante pour le premier appareil, considérable pour le second appareil. Les rayons absorbés seront naturellement les rayons les moins pénétrants. Conformément aux mesures faites au laboratoire du radium par M. Beaudoin, ingénieur de l'Ecole de physique et de chimie, l'activité respective de deux appareils de ce genre peut être la suivante :

Appareil a sel collé sur toile	Appareil a sel collé sur métal
1 centig. de sulfate de radium pur pour 4 centimètres carrés de surface.	1 centig. de sulfate de radium pur pour 4 centimètres carrés de surface.
Activité totale : 400.000.	Activité totale : 50.000.
Activités partielles :	Activités partielles :
$\alpha = 70$ à 80.	$\alpha = 0.$
$\beta = 18,5$ à 28,5.	$\beta = 95$ p. 100.
$\gamma = \quad 1,5.$	$\gamma = 5$ p. 100.

Ce qui ressort de la confrontation de ces chiffres, c'est une diminution considérable de l'activité du second appareil allant de pair avec l'extinction des α et celle de la plupart des β mous, et un accroissement *relatif* des β intermédiaires et durs et des γ.

Si, d'autre part, nous comparions à l'activité des appareils précités celle des autres appareils, renfermant également 1 centigramme de sulfate de radium pur contenu dans la cavité d'un étui d'argent à paroi mesurant 5 dixièmes de millimètre d'épaisseur, nous verrions l'intensité du rayonnement tomber à 4.000 environ.

Si l'on tient compte de la loi d'après laquelle l'effet thérapeutique des radiations est proportionnel à leur absorption, on sera tenté d'attribuer un rôle essentiel aux appareils à sel collé sur toile, un rôle secondaire aux appareils à sel collé sur métal, un rôle insignifiant aux étuis radifères dont le rayonnement à la fois très réduit et de très grande pénétration, paraît devoir abandonner trop peu d'énergie aux tissus pour en réformer l'état morbide.

Le classement qui proportionne la valeur thérapeutique des appareils radifères à leur richesse en rayons mous serait valable si l'application en était strictement limitée aux lésions superficielles de la peau.

Depuis l'année 1907, j'ai prouvé que ce classement devait être inversé du moment où la radiumthérapie visait les affections siégeant au niveau des muqueuses et des zones sous-cutanées et sous-muqueuses qui nécessitent l'usage d'appareils à rayonnement réduit par filtrage aux seuls rayons très pénétrants, lesquels conservent leur action curative tout en étant très peu altérants pour les tissus normaux.

En effet, la guérison de lésions de la peau et des muqueuses se paie fréquemment par des escarres n'offrant aucun inconvénient (dans les conditions d'application réellement thérapeutique) tant qu'elles sont limitées à la peau.

Il n'en est plus de même des radiumdermites des muqueuses qui, tout en étant déterminées dans les mêmes conditions que celles de la peau sont capables de provoquer des troubles fonctionnels sérieux ou des ulcérations atteignant par phagédénisme des zones situées au-delà du champ d'action du rayonnement.

Dangereuse pour le traitement des muqueuses, la richesse des appareils en rayons mous les rend inutiles, voire nuisibles pour la cure des affections sous-cutanées et sous-muqueuses.

Cette surabondance en rayons peu pénétrants est inutile parce que ceux-ci s'absorbent en masse dans les couches superficielles des téguments de sorte que les couches sous-jacentes ne reçoivent plus qu'un rayonnement déjà très atténué à une faible profondeur.

D'après les recherches que nous avons faites en collaboration avec le docteur Chéron et M. Bader, l'absorption par les tissus de la paroi abdominale, par exemple des rayons d'un appareil à sel collé sur toile contenant 1 centigramme de sulfate de radium pur sur une surface de 4 centimètres carrés, est telle que l'intensité du rayonnement tombe de 460.000 à 2.900.

Autrement dit, la partie de la paroi abdominale située à 1 centimètre de la surface cutanée est doublement désavantagée :

1° Parce qu'elle ne reçoit plus qu'un rayonnement de très faible intensité (2.900 au lieu de 460.000);

2° Parce que ce rayonnement est extrêmement dur, c'est-à-dire constitué par des rayons résistants à l'absorption et traversant les tissus en leur abandonnant un minimum d'énergie.

Un tel résultat ne ferait que justifier une opinion longtemps admise, et d'après laquelle le champ d'action des appareils radifères à sel collé est tout à fait superficiel, si je n'avais démontré que le rayonnement le plus pénétrant conserve des propriétés curatives si l'on compense la faiblesse de ce rayonnement par la durée de sa mise en jeu.

Mais à prolonger l'application des appareils, des plus actifs en particulier, on dépasse rapidement la dose utile pour atteindre la dose nuisible, celle qui produit non plus des escarres superficielles, mais des altérations graves des tissus sains, s'opposant à leur régénération en altérant profondément leur vitalité.

J'ai démontré qu'il était possible d'éviter ces inconvénients en interposant aux téguments et aux appareils à sel collé des écrans de métaux denses qui arrêtent tous les rayons sauf ceux que j'ai dénommés *les ultra-pénétrants* lesquels traversent les tissus normaux en ne s'y laissant absorber qu'en très faibles proportions, en n'y déterminant aucune lésion grave, et en conservant certaines propriétés curatives.

MANIEMENT DES APPAREILS. — *Méthodes du rayonnement composite et du rayonnement ultra-pénétrant.* — Il existe, ai-je dit, deux façons fondamentales d'utiliser le rayonnement du radium, que j'ai dénommées « méthode du rayonnement composite, méthode du rayonnement ultra-pénétrant ».

La première méthode est celle où la quantité des rayons peu pénétrants ou moyennement pénétrants (α et β ou β à l'exclusion des γ) l'emporte de beaucoup sur celle des rayons plus pénétrants (γ).

La seconde méthode met en jeu un rayonnement essentiellement constitué par les γ à l'exclusion complète des α et avec conservation d'un petit nombre de β lesquels se confondent, en raison de leur dureté, avec les γ.

Ce qui caractérise la méthode du rayonnement composite quand on se sert des appareils à sel collé, c'est *de procéder par applications de courte durée, d'être souvent destructive, de s'appliquer surtout au traitement de lésions cutanées superficielles.*

Le propre de la méthode du rayonnement ultra-pénétrant est de *procéder par applications de longue durée, d'être surtout régressive et de s'appliquer de préférence au traitement des lésions des muqueuses et des affections à siège sous-cutané et sous-muqueux.*

OBTENTION DU RAYONNEMENT COMPOSITE ET RAYONNEMENT ULTRA-PÉNÉTRANT. — *Mise en jeu des appareils à sel collé.* — Quand on met en jeu les appareils à sel collé, les deux méthodes de radiumthérapie comportent des règles communes, lesquelles ont trait à l'asepsie des parties malades et se réduisent à des soins de propreté sur lesquels je n'ai pas à insister.

DU RAYONNEMENT COMPOSITE. — Pour mettre en jeu le rayonnement composite, on utilise :

1° Les appareils à sel collé sur toile ou sur métal, en les entourant d'une gaîne de baudruche ou de caoutchouc destinée simplement à les protéger contre les liquides organiques ;

2° Des appareils à sel meuble contenu dans des ampoules de verre où des étuis d'aluminium, qui, en raison de la faible densité de la matière constitutive de leurs parois, émettent un rayonnement où la quantité des β l'emporte encore de beaucoup sur celle des γ, à cette condition toutefois que l'épaisseur de la paroi ne dépasse pas 1 millimètre. (L'absorption du rayonnement, en effet, est proportionnelle et à la densité et à l'épaisseur de la matière constitutive des écrans qu'il traverse, suivant une certaine norme sur laquelle il n'y a pas lieu d'insister.)

DU RAYONNEMENT ULTRA-PÉNÉTRANT. — *Appareils à sel collé.* — Pour obtenir et utiliser le rayonnement ultra-pénétrant des appareils à sel collé, à l'exclusion du reste du rayonnement primaire, il faut recourir à un dispositif que j'ai maintes fois décrit.

Ce dispositif est destiné :

1° A filtrer le rayonnement de manière à ne conserver que les rayons ultra-pénétrants.

2° A accroître, s'il est nécessaire, l'intensité du rayonnement ultra-pénétrant.

A cet effet, on superpose aux appareils radifères une lame de plomb de 4/10 de millimètre à 3 millimètres d'épaisseur.

A l'écran métallique on surajoute des feuilles de papier sur une épaisseur de plusieurs millimètres. (Fig. 5.)

L'ensemble constitué par l'appareil radifère, l'écran de plomb et le papier est engaîné de caoutchouc.

Le rôle de la lame métallique est d'intercepter tous les rayons autres que les ultra-pénétrants. Elle arrête donc tous les α, la presque totalité des β et la fraction des γ correspondant aux rayons X ordinaires, pour ne laisser passer qu'une minorité de β et la fraction des γ dont la puissance de pénétration est supérieure à celle de la plupart des rayons X.

Les rondelles de papier servent à intercepter un rayonnement secondaire découvert par M. Sagnac, et qui résulte de la traversée du plomb par les rayons γ. (Fig. 6.)

Il est nécessaire d'amortir ces rayons secondaires, car, étant peu pénétrants, ils sont très altérants pour les tissus.

Quant au caoutchouc, il sert surtout à protéger l'appareil contre les divers liquides organiques.

Cet agencement comporte diverses modifications concernant la conformation des appareils, la qualité et l'intensité du rayonnement.

Ainsi, des appareils montés sur des lames métalliques de forme circulaire ou quadrilatère sont simplement recouverts de lames de plomb également circulaires ou quadrilatères; ceux qui sont constitués par des toiles radifères se logent dans des boîtes de plomb recouvertes de même métal, et dont l'occlusion est assurée au moyen de la cire à cacheter, de la paraffine, ou plus simplement par soudure.

Dans le cas où l'on désire accroître l'intensité du rayonnement ultra-pénétrant sans en changer la qualité, on superpose les unes aux autres des toiles radifères de forte activité.

Tous les rayons intra-pénétrants provenant de ces appareils seront arrêtés par l'écran métallique. Quant à leurs rayons ultra-pénétrants, ils traverseront, par définition, la lame de plomb, en s'additionnant les uns aux autres (1).

Appareils à sel libre. — Quand on se sert simplement d'ampoules de verre contenant un sel de radium pur, on se trouve fréquemment dans cette alternative d'employer soit une quantité trop minime soit une quantité trop forte de radium.

Dans le premier cas, les doses de sel de radium pur ne dépassent guère 5 milligrammes, les ampoules restent, sans danger pour le patient, pendant un temps plus ou moins prolongé, à la surface ou dans la masse des tumeurs, mais l'action en est souvent rendue inutile par la faiblesse de leur teneur en radium.

Si on augmente le poids de sel de radium, on s'expose à deux accidents bien distincts, qui sont :

1° L'altération des tissus sans concomitante de la régression des tissus néoplasiques;

2° L'explosion de l'ampoule de verre dont les inconvénients sont atténués par l'emploi des étuis métalliques à paroi continue que j'ai substitués aux étuis métalliques ajourés dont Abbe se servait comme armature et non comme filtre.

Ces étuis métalliques ont été fabriqués de manière à conserver le sel de radium au cas où l'ampoule se briserait et à ne laisser passer que le rayonnement ultra-pénétrant. Ils sont constitués par des tubes en argent, à paroi mesurant cinq dixièmes de millimètre d'épaisseur, dans lesquels on renferme une ampoule de verre contenant de 5 milligrammes à 5 centigrammes, voire 10 centigrammes ou davantage de sulfate de radium pur.

Néanmoins, étant donné la facilité avec laquelle les ampoules de verre se fracturent, il est préférable de supprimer le récipient de verre, et de verser directement le sel dans la cavité du tube d'argent.

La fermeture hermétique de ce dernier est obtenue grâce à un bouchon taraudé, formant vis, également en argent. Les deux parties de l'appareil sont en outre réunies par une soudure. (Fig. 7.)

Ces appareils sont utilisés tantôt sans adjonction d'enveloppe, tantôt placés dans un drain de caoutchouc puis recouverts de gaze (ficelée avec de la soie) afin d'arrêter le rayonnement secondaire (1).

MODE D'APPLICATION DES APPAREILS EN GÉNÉRAL. — Tandis que les appareils à sel collé sont employés de préférence en surface, les appareils à sel libre, généralement cylindriques, sont placés dans les cavités naturelles, ou dans les anfractuosités des tumeurs, dans leurs trajets fistuleux, ou bien introduits, par intervention chirurgicale, au centre même des néoplasmes. (Abbe, Morton.)

Néanmoins, les appareils tubulés s'adaptent aussi au traitement en surface des lésions situées dans les régions angulaires superficielles, telles que l'angle naso-génien,

---

(1) Il est évident qu'il existe des procédés intermédiaires entre la méthode du rayonnement ultra-pénétrant et celle du rayonnement composite, consistant à absorber le rayonnement en proportions variables suivant les cas visés. Mais j'ai tenu, dans cet article, à rappeler essentiellement les deux méthodes fondamentales de l'irradiation radiumthérapique.

(1) Cette précaution est d'autant plus nécessaire que la quantité de radium est plus élevée. Chéron et Rubens-Duval ont bien insisté sur ce point dans leurs importantes recherches sur le traitement du cancer utérin.

l'angle des narines, la commissure des lèvres, l'orifice nasal, le plancher de la bouche, la jonction des piliers du voile du palais et de la langue.

Appareils à sel collé et appareils tubulés s'emploient aussi simultanément, les premiers étant placés en surface pendant que les seconds siègent dans l'épaisseur des tissus morbides.

EFFETS THÉRAPEUTIQUES DU RADIUM EN GÉNÉRAL. — Dans les cas justiciables de la radiumthérapie, le rayonnement produit la réduction ou la disparition :

des phénomènes douloureux, par un mécanisme inconnu ;

des hémorragies d'origine angiectasiques, en diminuant le calibre des vaisseaux sanguins au point d'en effacer complètement ceux-ci ;

de l'inflammation et de la gangrène, non pas en tuant directement les microbes pathogènes, mais en changeant la structure, la physiologie et la constitution chimique des tissus où pullulent les germes morbifiques ;

des tumeurs bénignes et malignes, à la fois en produisant la fonte des éléments néoplasiques et en modifiant l'évolution d'une autre partie de ces éléments.

A ces effets, se joint une action de réparation et de cicatrisation des organes lésés, des plus remarquables.

Suivant la façon dont se réalisent les effets du rayonnement, le radium joue un rôle palliatif, ou se comporte exclusivement à la façon d'un remarquable auxiliaire de la chirurgie ; mais il est des cas où son action est tout à fait curative.

MÉTHODE DE LA RADIO-ACTIVATION

Dans un article paru dans la *Presse médicale* du 4 août 1906, j'exprimais l'opinion suivante :

« Qu'il s'agisse de recherches expéri-
« mentales ou d'effets thérapeutiques, on
« peut utiliser le radium en nature, soit à
« l'état de sel, soit à l'état d'émanation,
« ou se servir de corps radio-activés.

« L'émanation, qui diffuse comme un
« gaz, est capable de modifier profondé-
« ment la nutrition des tissus vivants
« (Bouchard et Balthazard) et les expé-
« riences de cet ordre promettent des
« résultats d'un intérêt capital. A notre
« point de vue, toutefois, son rôle essen-

« tiel est celui qui consiste à conférer la
« radio-activité induite aux substances les
« plus diverses. Ce transfert se produit sur
« les substances solides ou liquides, orga-
« niques ou inorganiques, sur l'eau ordi-
« naire ou chargée des produits chimiques
« les plus variés, sur les sucs végétaux ou
« le plasma ou les sérums extraits des ani-
« maux, sur la pulpe des divers or-
« ganes, etc., etc.

« L'émanation confère la radio-activité
« aux substances les plus différentes sans
« tenir compte de leur constitution chi-
« mique, non plus que de leur consistance.
« A son contact, la vaseline acquiert, aussi
« bien que les métaux les plus denses, tels
« que le platine, la propriété de dégager
« des α, des β ou des γ. On peut donc oindre
« la surface de la peau, saupoudrer la ca-
« vité des fosses nasales, les ulcérations
« superficielles, comme les plaies profondes
« et anfractueuses, de substances radio-
« activées.

« Ce ne sont pas seulement les portions du
« corps directement accessibles qui s'offrent
« aux effets des substances radio-activées,
« c'est l'organisme entier, car elles peuvent
« être ingérées ou inhalées, instillées dans
« les canaux les plus étroits, injectées dans
« les cavités naturelles, dans le tissu con-
« jonctif et musculaire, dans les vaisseaux
« sanguins. »

Le 8 novembre de la même année, les docteurs Wickham et Degrais publiaient l'un des premiers résultats thérapeutiques de la radio-activation des tissus obtenue par injection intradermique de solution de bromure de radium dans un lupus de la région cervicale, rebelle à toute une série de traitements (1).

De mon côté, j'avais expérimenté, avec le docteur C. Latouche, à la fois l'injection et l'ingestion des solutions de bromure de radium à l'égard d'une affection hépatique qui fut considérée comme un cancer primitif du foie, après une laparotomie pratiquée par M. Ricard à l'hôpital Saint-Louis, alors qu'il y était chef de service (novembre 1906).

Ce traitement fut suivi d'une amélioration telle que la malade peut être actuellement considérée comme guérie.

J'ai déjà cité ce cas d'une façon très sommaire, avec toutes réserves, dans le *Bulletin de thérapeutique* (septembre 1907), parce que la survie m'a paru infirmer le diagnostic de cancer du foie.

Par contre, j'avais gardé, de cette première tentative de radio-activation thérapeutique des tissus, la notion qu'elle exerça une action analgésique très remarquable, car l'endolorissement profond et les douleurs lancinantes dont se plaignait la malade disparurent progressivement au fur et à mesure des injections du sel soluble.

A la suite de cet essai, je me suis demandé s'il ne serait pas préférable de substituer l'emploi de sel de radium insoluble à celui de radium soluble, pour des raisons d'ordre physiologique et économique.

En effet, l'action locale et générale des solutions de bromure de radium est à la fois passagère et d'emblée décroissante, parce que le produit soluble est rapidement entraîné hors de la zone où on l'injecte, et éliminé de l'organisme par les émonctoires.

J'ai pensé qu'il serait possible d'obtenir une radio-activité, locale ou générale, relativement permanente et constante, de certains organes, du sang et enfin de l'organisme entier en substituant l'emploi des sels de radium insolubles à celui des sels de radium solubles.

N'était-il pas logique de supposer que les particules des sels de radium insolubles se maintiendraient malgré leur extrême petitesse dans les organes où on les introduirait en s'y fixant à la façon des poudres inertes, et trouveraient dans l'appareil circulatoire un système clos difficile à franchir par suite de leur inaptitude à la dialyse ?

De son côté, la permanence des sels de radium ne devait-elle pas avoir pour résultat la persistance de la radio-activité induite correspondant à la production incessante de l'émanation dont chaque particule de sel de radium est le foyer d'origine ?

J'ai pu vérifier l'exactitude de cette hypothèse, d'une part, avec M. Faure-Beaulieu, et, d'autre part, avec le professeur Petit, d'Alfort, et M. Jaboin, docteur en pharmacie.

Avec M. Faure-Beaulieu, nous avons injecté dans l'organisme de l'homme et de divers animaux du sulfate de radium (1) à l'état de grains microscopiques en suspension dans une solution saline isotonique au milieu sanguin de la plupart des mammifères (2).

Ces expériences nous ont démontré d'une façon indiscutable que le sulfate de radium pouvait séjourner dans des territoires organiques tels que le tissu conjonctivo-vasculaire, le tissu musculaire strié, le poumon, le foie, la rate, etc., jusqu'à un an et demi.

Il restait à prouver qu'une certaine quantité de ce sel pouvait être mobilisée dans l'appareil vasculaire sanguin et y circuler d'une façon continue comme en système clos.

Cette preuve a été apportée par les recherches que j'ai faites en collaboration avec le professeur Petit, d'Alfort, et M. Jaboin, docteur en pharmacie.

Le 12 juillet 1909, dans le service de l'un de nous (Petit) à l'école d'Alfort, nous avons introduit dans la veine jugulaire droite d'un cheval âgé, en bon état, 1 milligramme (1.000 microgrammes) de sulfate de radium insoluble, préparé par Jaboin, en application du procédé de Dominici et Faure-Beaulieu, et dilué dans environ 250 cc. de sérum physiologique.

La prise de sang, faite six mois après le début de l'expérience, nous a permis de constater qu'une certaine quantité de sulfate de radium continuait de circuler dans l'appareil vasculaire sanguin de l'animal.

Des expériences que nous venons d'exposer se déduit d'une façon formelle la troisième proposition que nous voulions démontrer, à savoir la possibilité d'obtenir, par l'injection d'un sel de radium insoluble, la radioactivité permanente et de certains organes, et du sang, et enfin de l'organisme entier.

En effet, le sulfate de radium qui est fixé dans les tissus, celui qui est mobilisé dans l'appareil vasculaire représentent autant de foyers producteurs d'émanation, laquelle se dissout dans les milieux organiques en leur conférant la radioactivité induite.

Cette radioactivité à la fois locale et générale de l'organisme de l'homme et des animaux, n'a entraîné aucun trouble de la

---

(1) J'ai choisi le sulfate de radium non seulement parce que la limite de solubilité en est extraordinairement reculée, mais aussi parce qu'il ne peut être altéré dans les milieux organiques.

(2) M. Jaboin, docteur en pharmacie, a bien voulu préparer ce mélange par précipitation du sulfate de radium

sous la forme d'une poudre impalpable dont les éléments examinés au microscope se présentent comme de petits corps ovoïdes, très réfringents, de dimensions oscillant autour de celles des hématies humaines, inférieures à celles des grands leucocytes mononucléaires.

Les grains de sel de radium peuvent devenir invisibles à la dose de 1/100 de milligramme dans 2 centimètres cubes de sérum, parce que le sel se trouve à la limite de l'insolubilité. En cet état, le sulfate de radium n'en possède pas moins la propriété de se fixer dans les organismes vivants, à la façon du sel dont les grains sont visibles au microscope.

santé, ce dont il ne faudrait pas induire qu'elle est sans effet sur la physiologie des tissus vivants.

Il est permis de supposer que la radio-activité déterminée par les doses de sulfate de radium que nous avons mises en usage, modifie la nutrition et les réactions des éléments vivants.

Des expériences inédites nous incitent à croire que ces injections suractivent l'hématopoïèse sans occasionner de pléthore, excitent les fonctions digestives sans produire d'hypersécrétion morbide, stimulent le système nerveux sans provoquer de phénomènes spasmodiques (1).

Mais les recherches les plus importantes à l'égard d'une excitation possible de l'hématopoïèse et de la nutrition par le sulfate de radium sont certainement dues à Chevrier qui a publié sur ce sujet un travail des plus intéressants (Chevrier, *Tribune médicale*, 19 mars 1910).

De mon côté, j'avais essayé l'action du sulfate de radium sur des tumeurs malignes telles que des épithéliomes et des sarcomes ; des néoplasies bénignes, telles que les chéloïdes ; des maladies infectieuses, telles que l'ostéomyélite chronique, le lupus, la tuberculose pulmonaire à la période précachectique (2) ; des états septicémiques variés.

Les résultats obtenus furent, d'une façon fréquente : 1° la disparition ou l'atténuation de la douleur accompagnant les tumeurs malignes, les foyers infectieux profonds, la méningite tuberculeuse ; 2° la diminution ou la disparition de l'œdème inflammatoire environnant les tumeurs malignes ou les lésions tuberculeuses, du lupus, de l'adénopathie bacillaire ; 3° dans quelques cas, un abaissement notable au moins temporaire de la température de malades atteints de tuberculose pulmonaire et le relèvement de l'état général de ces malades ; 4° la régression au moins partielle de néoplasies bénignes telles que les chéloïdes.

L'encouragement fourni par ces résultats a pour contre-partie des échecs décourageants en ce sens qu'ils se produisent dans des conditions identiques à celles où le traitement avait paru réussir.

Ces conclusions ressemblent à celles qu'ont portées de leur côté MM. L. Rénon et L. Marre,

(1) Dominici. La *Presse médicale*, 16 mars 1910.
(2) Expériences commencées au point de vue thérapeutique chez le professeur A. Robin en 1908, avec l'aide de M. Coyou.

lesquels ont appliqué le même traitement à des maladies diverses telles que des pneumonies, des broncho-pneumonies, des congestions pulmonaires, des pleurésies tuberculeuses avec épanchement, la péritonite tuberculeuse, des tuberculoses aiguës, des méningites tuberculeuses avec lymphocytes et bacilles de Koch dans le liquide céphalo-rachidien, etc., etc.

De leurs essais, ces auteurs concluent que l'action thérapeutique des injections de sulfate de radium reste très discutable.

« Pour une même catégorie d'infections,
« certains résultats ont paru un peu surpre-
« nants : mais dans la plupart des cas, l'effet
« a été absolument nul, car on ne peut tenir
« compte des guérisons des pneumonies, si
« spontanément curables. »

Par contre, l'action du traitement leur a semblé plus constante dans les infections gonococciques. Cette constatation est à rapprocher de l'action si remarquable du *rayonnement* à l'égard des manifestations rhumatismales, de la blennorragie, dont Soupault avait signalé l'existence, et dont mes recherches et celles de Gy ont démontré la spécificité dans un nombre de cas s'élevant actuellement à 70.

Etant donné les nouveaux résultats fournis dernièrement par Chevrier sur l'efficacité des injections de sulfate de radium à l'égard de ces affections, je crois que l'amélioration de certaines manifestations de la gonococcie est l'un des effets les moins aléatoires de l'introduction des sels de radium dans l'organisme humain, résultats auxquels il faut ajouter :
l'action analgésique ;
la stimulation de l'hématopoïèse ;
la régression au moins partielle de certaines réactions inflammatoires périnéoplasiques et pérituberculeuses.

Les résultats de toutes ces recherches sur l'action thérapeutique du sulfate de radium nous incitent à en continuer l'étude et à tâcher de codifier l'usage d'une méthode dont mes expériences et celles de mes collaborateurs ont établi les principes sans oublier les autres moyens de radioactivation, tel que l'injection des sels solubles, l'insufflation de l'émanation (Bayet), ou encore l'incorporation des sels de radium aux substances médicamenteuses, voire au catgut, ou à des poudres diverses suivant le procédé de Chevrier, procédé qui semble dans certains cas, activer la cicatrisation des plaies d'une façon très remarquable.